獻給我的家人：

菲利普、提波、雷奧和奧汀娜，

以及總是陪伴我一起冒險的山姆。

感謝以下專家提供協助：

伊莎貝爾・奧畢 (Isabelle Audy)、堤耶西・柯雷居 (Thierry Corrège)、

安蘿・丹尼歐 (Anne-Laure Daniau)、史蒂芬妮・德佩拉 (Stéphanie Desprat)、

賈克・吉侯多 (Jacques Giraudeau)、揚・雷瑪利 (Yann Leymarie)、

蘇菲・拉迪 (Sophie Lardy)、布魯斯・施利托 (Bruce Shillito)，

以及保羅・堤西耶 (Paul Tixier) 。

最美的海洋
需要我們一起來保護

作者：愛曼汀・湯瑪士 (Amandine Thomas)　　繁體中文版審定：陳勇輝　譯者：李旻諭
出版：遠足文化事業股份有限公司（小樹文化）　　總編輯：張瑩瑩　主編：鄭淑慧
責任編輯：謝怡文　　校對：魏秋綢　　封面設計：周家瑤　　內文排版：劉孟宗

發行：遠足文化事業股份有限公司（讀書共和國出版集團）
地址：231 新北市新店區民權路 108-2 號 9 樓
電話：(02) 2218-1417 傳真：(02) 8667-1065 客服專線：0800-221029
電子信箱：service@bookrep.com.tw　　郵撥帳號：19504465 遠足文化事業股份有限公司
團體訂購另有優惠，請洽業務部：(02) 2218-1417 分機 1124

法律顧問：華洋法律事務所 蘇文生律師
出版日期：2020 年 1 月 22 日初版
　　　　　2023 年 12 月 8 日初版 10 版

讀者回函　　小樹文化官網

  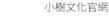

小樹文化
Little Trees

OCÉANS
最美的海洋

需要我們一起來保護
Et comment les sauver

愛曼汀・湯瑪士（Amandine Thomas）—— 著

李旻諭 —— 譯　　陳勇輝 —— 審定

小樹文化
Little Trees

目錄

等等我啊！
我忘記帶
泳衣了！

我們的海洋充滿驚喜：有著閃閃發光、會飛翔、色彩繽紛的動物，還有附著於龐大體型生物上的微小生物。海洋仍有深不可測的廣大區域沒有被發掘……我們甚至估計，約有三分之二的海洋生物還沒有被發現！海平面下的每一種生物都有屬於自己的位置，這也形成了一個既複雜又脆弱的平衡。

如今，維繫海洋的生態平衡受到了威脅：環境汙染、海水溫度升高，或者是許多海生物種的消失。而我們之所以會說「海洋正身陷險境、地球面臨著危機」，這是因為海洋具備調節全球氣候的功能，空氣中有一半的氧氣由海洋產生。沒有了海洋，我們就無法呼吸！更不用說有將近30億的人們直接依賴海洋維生！

不需要恐慌，我們仍然可以拯救海洋：翻開書頁，出發前往一趟環遊世界的偉大旅程吧！你將會認識10個海洋生態系，驚豔於棲息在這些地方的美妙動物，並且探索如何保護海洋、北極熊、海獺或海豚，甚至不需要離開家呢！

你覺得我們會看到活生生的鯊魚嗎？

跟我們來！出發了！

旅程開始之前，認識一下海洋吧！

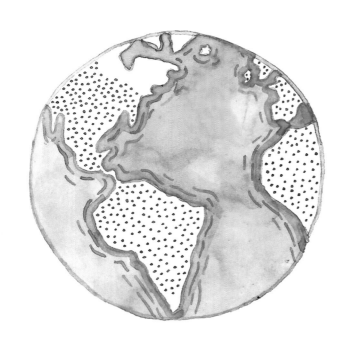

可是……嗯……，
海洋，到底是什麼呢？

海洋是一個範圍很廣大的鹹水區，由不同的海連接而成，有比較小的海，也有比較淺的海，而海與海之間彼此相連，因此可以統稱為「海洋」，我們也稱它為「全球海洋」。

總之，海洋覆蓋了地球表面71%的面積！因此，我們稱地球為「藍色星球」。

海洋也是環境的一部分嗎？

當然！環境是由大自然元素圍繞生命體所組成，它提供我們生存所需的主要自然資源，例如：水、空氣和食物。

海洋提供了氧氣、食物，以及保存了地球上97%的水資源。因此，一定要好好保護海洋！

是呀，要保護環境，就要了解生態學！

「生態學」是指研究環境與所有生物體之間互動的關係科學。不過，它也是指在保護環境以及保存地球自然資源的前提下，和大自然和平共存的一種方式。

我要好好維護
生物多樣性！

我也要！不過……嗯……那是什麼意思呢？

生物多樣性是指地球上物種的多樣化：生物多樣性越豐富，生命就會越繁盛，生態系也會發展的越好、越發達。

包括人類在內的所有物種，都必須依賴彼此生存，也是為了維繫生態系的穩定。

生態……什麼？

生態系！就是我們接下來要拜訪的這些場域！

是的！我們所謂的「生態系」，是由各種生物體所組成的一個群落和棲息的環境，以及彼此間進行的所有互動（例如，掠食者與獵物之間的關係）。

每一個生態系都運作著一個脆弱的平衡，讓生命得以永續發展與生存。

如果這個平衡因為其中某個物種消失而受到威脅，整個生態系就可能會崩潰。

嗚哈！我是個超級掠食者！

人類真的已經威脅到生態系嗎？

是因為造成溫室效應的氣體嗎？

可以導致溫室效應的氣體，本來就存在於我們生活的自然環境中。它可以吸收部分太陽散發的熱度，讓地球更適合人類居住。不過，近兩個世紀以來，人類日常生活產生大量會造成溫室效應的氣體，而砍伐森林、精細農耕……都會擴大溫室效應。

大氣中保留了過多的熱量，引起地球溫度上升。這就是我們所說的「全球暖化」，也是造成海洋與其生態系面臨危險的兇手！

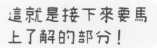

這就是接下來要馬上了解的部分！

天啊！這個情況真是太糟糕了！

出發了！

我們要怎麼做，才能拯救海洋呢？

太陽

大氣層

太陽輻射

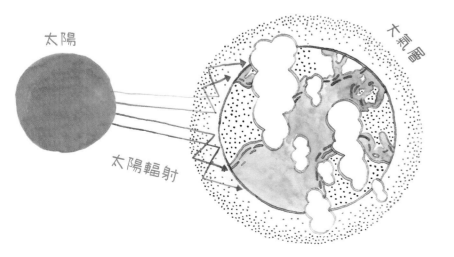

出發吧！保護我們的海洋！

大堡礁

澳洲大堡礁是世界上面積最大的珊瑚礁群。
分布面積約34萬平方公里,
相當於整個義大利的大小!
它是地球上最豐富,
也最複雜的生態系之一,
大約有9,000種不同物種棲息在此。

哇!

灰礁鯊

珊瑚到底是
動物、植物,還是礦物?

珊瑚是很微小的動物,由稱作「珊瑚蟲」的個體,
以數千隻群居形成一個群體。
這些很像小型海葵的動物,利用水中礦物質形成
骨骼,而這些骨骼賦予了珊瑚礁不可思議的型態。
珊瑚呈現的美麗色彩,是來自和牠共生、稱作
蟲黃藻的微小型海藻。珊瑚蟲讓蟲黃藻寄生,
而蟲黃藻除了使珊瑚擁有鮮豔的色彩之外,
更是提供珊瑚生存的主要能量來源。

獅子魚

儒艮

黃金鰺

鸚哥魚

鸚鵡螺

海蛇

動動腦,猜猜看!
在這兩頁裡,哪種動物最危險?

(答案請見第37頁)

裂唇魚

鬼蝠魟

公主小丑魚

來，笑一個！

海葵

曲紋唇魚

硨磲貝

為什麼會有珊瑚白化現象？

由於氣候暖化使得海水溫度上升。
在高溫的生存壓力之下，
珊瑚為了保護自己立即趕走了蟲黃藻，
但同時也帶走了美麗的顏色，
以及主要營養來源！
如果海水溫度不盡快下降，
最後珊瑚就會死去。

我們可以怎麼做？

或許你會想：
「在地球另一端的我們，要如何保護海洋？」
好消息是：你也可以做得到！可以從隨手關燈
開始！減少室內用電，就可以降低導致地球
暖化、造成溫室效應的氣體排放量。

綠蠵龜

白化珊瑚

想一想，這句話正確嗎？

從外太空，我們可以看到大堡礁。

答：對的！大堡礁是很龐大的存在，並且有超
過3,000種珊瑚礁堆疊，因此確實可以清楚看見
從外太空拍攝到的美麗圖像。

藍環章魚

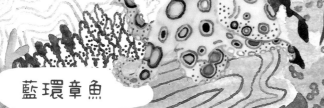

雀尾螳螂蝦

北極

冬天的北極海被厚達數公尺的冰層覆蓋。
環繞整個北極圈、冰冷的海水中棲息著許多
能夠在極端環境下生長的特有種動物。

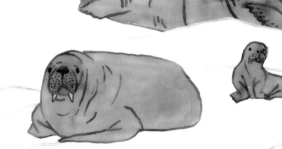

海象

想一想，這句話正確嗎？

北極是一個洲。

錯：北極的冰層下只有海水，在冰雪覆蓋的南極卻相反，有著正正的南極洲，有著草木和火山，冰層之下是有火山的。

北極熊

獨角鯨

酷寒環境中的生存高手

北極的氣溫溫差很大，夏天大約在0度左右，
而冬天進入永夜，好幾個月都看不見太陽，
溫度則會降到最低零下50度左右。棲息在這個
環境的動物都有很強的韌性，牠們有著
完美適應酷寒環境的生存模式。
就如海象，不透水的皮膚表層下覆蓋了一層厚
達15公分的脂肪（真材實料的保暖衣！）
以抵擋低溫嚴寒；北鱈則是可以自己產生防凍
機制；而格陵蘭海豹，則在浮冰小島上
生產及哺乳，以躲避掠食者的攻擊。

北鱈

座頭鯨

我穿了五件毛衣…

小心！你踩到我的圍巾了！

我們可以怎麼做？

我們可以減少電量消耗來對抗氣候暖化。
例如，室內的暖氣只要調降1度（怕冷或比較虛弱的人就多穿一件毛衣），
你的家庭可以節省大約7%的電能消耗量！
這是一個能幫助北極熊的好方法……
你不需要離開家裡，也不用挨冷受凍！

格陵蘭海豹

海豹寶寶

適應酷寒地區的習性，竟然是一把雙面刃？

北極海的動物能良好適應當地環境，
然而一點點改變，就會讓牠們陷入險境。
這就是超級掠食者北極熊面臨的狀況，
牠依靠出色的嗅覺，獵食在大浮冰上的海豹。
但是，這個特殊又脆弱的習性，因為氣候暖化
導致冰層融解而受到威脅。北極熊可以獵食的
範圍正逐年縮小！

北極紅點鮭

動動腦，猜猜看！

虎鯨屬於哪一個動物家族呢？

1. 齒鯨家族　2. 鬚鯨家族　3. 魚類家族

（答案請見第37頁）

虎鯨

歐洲最大海草床

位於法國西部的阿卡雄灣，是個真正的水生園區，
也是歐洲最大的草本海生植物叢，
主要由大家不太熟悉的水生植物大葉藻所組成，
這種植物會在海面下開花，甚至落葉！

可生長至2公尺左右

大葉藻
可以深至海平面以下
11公尺處生長

可生長至30公分左右

矮大葉藻
生長在淺水域

動動腦，猜猜看！

蘿拉想要找到一隻海龍！
牠和海馬是同一個家族，法國人也牠稱為
「海裡的針」；牠隱身棲息在大葉藻水生
植物群中。你可以在這一頁找到牠嗎？

（答案請見第37頁）

鰕鯱

海葵

卵鞘

海蛞蝓

歐洲濱蟹

大葉藻的花

軟體動物的卵

海膽

海馬

蝦

大葉藻群，保護海洋的海底叢林！

大葉藻群庇護著很棒的生態系，許多動物都在這裡
繁衍、生長以及進食。在這個不可思議的海底叢林裡，
我們甚至可以發現法國最大的海馬聚集地！
大葉藻的葉子與根部讓它們在面對
海浪與海流時，依然可以屹立在土壤中。
藻群還可以抓住水中的微粒物質，
就像過濾器，降低水中環境的汙濁。
多虧它們的存在，讓我們可以在清澈的海裡游泳！

想一想，這句話正確嗎？

大葉藻屬於藻類！

答：錯了唷！大葉藻是植物，藻類沒有根莖、沒有花也沒有葉子。

16

我們可以怎麼做？

家族旅行計畫要到阿卡雄灣去度假嗎？別忘了，
矮大葉藻很脆弱，要避免踩到它們！
穿上板仔鞋，就能有效避免踩得太深，
才不會毀了這些草本海生植物群！

我啊，正穿
著板仔鞋要
去釣魚呢！

小心大葉藻啊！

哇！有一群候鳥！

阿卡雄灣的海生植物叢
有危險了！

雖然它的存在非常重要，
但歐洲最大海生植物叢正面臨險境。
船錨會將海生大葉藻連根拔除，
遊客和捕魚的人不停踩踏矮大葉藻，
加上人類製造的汙染（例如旅遊或農業發展）
都使得整個生態系更加脆弱。
幸好，阿卡雄灣有好幾個區域都列入保護區，
不只是為了更加了解它們，也為了保護這些
特有種生物，以及其中不可思議的生物多樣性。

蛤蜊

黑雁

烏賊

和變色龍一樣，烏賊能夠變化身體顏色和外觀，
偽裝隱身在所處環境。不到 1 秒鐘的時間，牠
就能融入背景中，這是為了更容易捕食獵物，
或躲避天敵。

17

蘇達班紅樹林

蘇達班紅樹林是全世界最大的紅樹林生態區，
涵蓋範圍約1萬平方公里，相當於黎巴嫩的國土面積！
蘇達班紅樹林位於大海與陸地的交接處，
就像由小島、泥地和水道交錯而成的迷宮，
它位在印度與孟加拉兩國之間，面對著孟加拉灣。

翠鳥

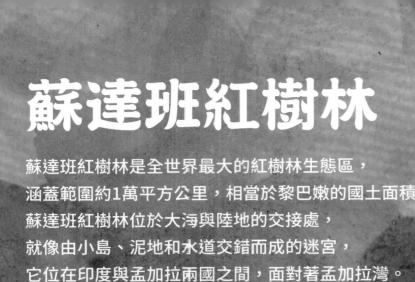

動動腦，猜猜看！

紅樹林如何透過根部排出鹽分呢？
1. 根部可以過濾鹽分，只吸取水分。
2. 將鹽分累積於老化的葉片裡，葉子最後
   會落下。
3. 透過葉片上的鹽腺體來排出鹽分。

(答案請見第37頁)

蟒蛇

漁貓

孟加拉虎

潮龜

招潮蟹

踩著高蹺的紅樹，
是海中生物的庇護所

紅樹林是由多種不同的紅樹科植物組成的林地，
也是唯一能夠在鹽水中生長的樹種。
退潮時，紅樹那像踩著高蹺的根部會裸露出來；
漲潮時，則會淹沒在水下長達數小時。
而這裡，就成為許多海生物種的完美庇護所。
這個生態系裡，陸生及海生動物
都能完美的適應這個環境。
棲息在紅樹林裡的孟加拉虎，能游泳數公里去捕捉
獵物；另外，可以在陸地上存活長達兩天的
彈塗魚，因為有類似爪子的魚鰭甚至可以爬樹！

電鱝

樹蛙

彈塗魚

鱟

造成漏油汙染的石油產物大部分用來製造汽油。
減少使用汽油，就可以減少海洋油汙汙染的危險
（汽車則會排放造成溫室效應的氣體）。
我們只需要有時候騎腳踏車、步行或搭乘
公共交通工具去上學即可！

妳們在做
什麼呢？

我們在種植紅
樹林，來保護
我們的村莊！

恆河鱷

鋸鰩

想一想，這句話正確嗎？

蘇達班紅樹林是世界上唯一有老虎
的紅樹林。

答：真有這麼幸運！因為要保護紅樹林的同時，
也可以順便為這個星球上僅存的老虎做點事。

水蛇

油汙汙染，
造成蘇達班紅樹林生態浩劫

對人類而言，蘇達班紅樹林扮演著非常重要的角色。
它保護著地球上人口最密集的區域，形成外來物質
無法穿透的有效屏障，得以對抗颱風以及海嘯侵襲。
然而，大型工廠卻設立在紅樹林周邊。不停的有載滿
煤炭、水泥或石油的船隻來往，供應著這些廠房。
當船難發生時，船上數公噸的化學製品就會溢流到
海裡，汙染整個生態系。2014年，一艘油輪擱淺於
蘇達班紅樹林，還導致了漏油事件（海洋油汙汙染）。

蝦

肯氏龜

笛鯛

鯰魚

恆河豚

科隆群島

距離南美洲陸地邊界約 1,000 公里
的太平洋上,有一個地球上真正的
天堂所在——科隆群島。
(又稱「加拉巴哥斯群島」)
它是大約 500 年前由一艘偏離航道的船隻
無意中發現的,如今,由於群島上許多
特有種以及令人驚奇的動物,
讓科隆群島聞名全世界。

澤生鰭

海鬃蜥

龍蝦

科隆群島,
獨一無二的生態瑰寶

科隆群島或許有點遺世獨立,但它的地理位置
正好位於好幾個大海流的交會處,因此扮演了
非常重要的角色。這些海流,有些是溫暖的,
有些是寒冷的,世界上獨一無二的生態系
因此孕育而生,這裡有棲息在珊瑚礁岸的
企鵝與海狗,還有鸚嘴魚!
這個與世隔絕的群島,也讓許多海生物種形成
「特有種」,也就是說在世界其他地方都找不到
一模一樣的物種。科隆群島上有四分之一的
海生植物及動物都具有這樣的特性,
例如海鬃蜥,牠可以潛到海底10公尺處,
且幾乎只吃海中的藻類!

鯨鯊

蝙蝠魚

動動腦,找找看!

這兩頁裡共有10隻海參,這個長得長長又軟
軟的動物是很重要的,牠們可以過濾水中的
懸浮微粒物質,讓海洋深處維持清淨!
你可以把牠們全部找出來嗎?

(答案請見第37頁)

海蛇

鰻魚

雙髻鯊
（丫髻鮫／錘頭鯊）

加拉巴哥斯企鵝
（科隆企鵝）

海獅

我們可以怎麼做？

許多團體組織努力保護著科隆群島以及島上不可思議的生物多樣性。有好幾個方式可以支持這些團體，例如：你可以和家人或班上同學一起認養科隆群島上的一隻動物！你們認養的企鵝或雙髻鯊會待在牠們原來的棲地，而你們的參與可以協助保護牠們的棲地。

看哪，這是我認養的海龜照片！

我們班上一起認養了一條雙髻鯊！

想一想，這句話正確嗎？

自從達爾文於1835年探訪後，科隆群島的火山爆發超過60次。

是：這句話是錯誤的！事實上，科隆群島有許多火山地形組成，其中有13座仍然活躍。

海狗

不再與世隔絕的科隆群島，原生物種正面臨瀕臨絕種危險

長達好幾個世紀，除了海盜和探險家以外，沒有人踏上科隆群島的土地。1835年，自然學家查爾斯‧達爾文到這座群島上觀察時，獲得了著名演化論的靈感。
另一方面，如今群島上有了居民，而人類活動（如旅遊業或捕魚業），都有利於外來物種入侵。
藻類、螃蟹或海星，這些緊貼著船殼而來的偷渡客，也威脅著科隆群島較脆弱的原生物種，甚至有瀕臨絕種的危險。

大洋

大洋上的許多海洋生物，
一輩子都悠游在廣闊的海洋或深海中，
從沒有接觸過陸地或者海底。
這些占了海洋60%面積的廣闊海域，
就是世界上最大的生態系！

飛魚

僧帽水母

長吻飛旋海豚

黃鰭鮪

想一想，這句話正確嗎？

海豚不需要睡覺。

答：海豚跟人類一樣，也需要睡覺和休息的動物。但是，為了不在睡覺時溺水，牠們發展出一種令人嘖嘖稱奇的本領：只有一半的腦關閉進入睡眠狀態，另一半則繼續運作，這樣就能讓海豚能浮在海面上了！

藍鯨

寬吻海豚

鋸峰齒鯊

大白鯊

一望無際的汪洋

大洋上並沒有很多動物棲息，食物更是稀少。
為了生存，棲息在這片廣闊汪洋的生物，有時候必須
游數百公里去尋找下一餐的食物。有善於潛水的物種
（例如抹香鯨），也有泳技特別好的（例如長吻飛旋
海豚、鋸峰齒鯊、劍魚，還有黃鰭鮪）。這些可怕的
掠食者在大海裡來回巡游，就為了追捕牠們的獵物，
例如以極大數量集體行動的沙丁魚或鯖魚，
每個群體都可重達好幾公噸。

劍魚

魷魚

拖網漁船

我們可以怎麼做？

別慌張，我們有好幾個方式可以付諸行動。如果你住在靠海的地方，或許你有機會到當地的菜市場，買到由傳統漁夫以負責任的方式捕的新鮮魚貨。或者，為什麼不在下一次到超市時，採購有著「友善海洋產品」標章（例如國際上使用的MSC標章）的海鮮漁獲？保障你購買的魚貨，來自永續漁業方式所捕獲的。

翻車魚

沙丁魚

哇賽！是一條抹香鯨耶！

牠們有著世界上最大的大腦！

你們看這些鯊魚！

鐮狀真鯊

過度捕撈，海洋即將沒有魚類？

會獵食魚類的不只有鯊魚和海豚！透過捕撈，海洋養育了這個世界上數十億人口。然而，現代捕撈技術越來越具有破壞性，許多船隻在大海中撒下巨大的捕魚網，以捕捉數百公噸的漁獲，有時候甚至會捕撈到海豚、海龜或者是鳥類。另外，使用沉重且裝有輪子的底拖網刮過海床，所經之處都會被拔除殆盡。漁船數量越來越多，而數量越來越少的魚類，卻在長大和繁殖前就被捕撈上岸。這就是我們所稱的過度捕撈；情況嚴重到，距今50年後，魚類將可能會成為一種罕見的食物！

尖吻鯖鯊

鯖魚

抹香鯨

動動腦，找找看！

雷歐發現了一條鯊魚！世界上有256種鯊魚！這兩頁裡面有幾種呢？幫雷歐找出來吧！ （答案請見第37頁）

23

馬里亞納海溝

太平洋海平面下的深遠處：
那個陽光也照不到的地方：
是世界上最深的地方 —— 馬里亞納海溝，
這個海洋溝渠大約11,000公尺處有個最深的點，
叫做「挑戰者深淵」！

紫藍蓋緣水母

褶胸魚

巨型管水母

歐氏尖吻鯊

角高體金眼鯛

深海，
到底是什麼樣的地方？

深海是指海洋深度最深的區域，介於海平面下
2,000～11,000公尺處。深海地區鮮為人知，
即使它占了地球面積的三分之二，但是完全沒有
光線、高水壓，而且嚴寒的水溫，也讓探索這個
區域更加困難。舉例來說，馬里亞納海溝的深度
足以容納地平面上最高的山 —— 珠穆朗瑪峰
（聖母峰），至今，世界上僅有3個人曾經到達
馬里亞納海溝深處！

然而，這個區域棲息著許多美麗的動物，牠們
得以承受條件極嚴苛的環境，例如會發射出藍色
光線，在一片漆黑的環境中吸引獵物的鮟鱇魚。
又或者是可以游潛到8,000公尺深的一種深海
獅子魚，那裡的水壓相當於一隻海象躺在
小腳趾的指甲上！

太平洋管眼魚

鮟鱇魚

短頭深海狗母魚

深海獅子魚

想一想，這句話正確嗎？
曾經到過太空的人比去過馬里亞納
海溝的人還多。

答：這句話是正確的！我們對於月球表面的
了解比深海中還要多。

你覺得，會不會有一天，有人能夠建造一艘以回收塑膠製作的潛水艇？

也許可以，如果我們能回收足夠的垃圾！

我們可以怎麼做？

為了不在海底發現我們製造的垃圾，可以將它們回收再利用，也就是說把它們加工製作成新的物品。因此，我們利用三分法的方式來分類，從垃圾堆中將可回收再利用的廢棄物（像是玻璃、塑膠或紙類）分開處理。透過家中的垃圾分類，你就能夠避免讓它們沉入深海裡，而且還能用於製造一雙球鞋、一件環保機能服飾，甚至是一頂帳篷！

發光浮游生物

吸血烏賊

吞鰻

海百合

馬里亞納海溝底部，一個幾乎無法進入的地方

日本科學家在深度10,898公尺，幾乎是馬里亞納海溝底部的地方，拍攝到一個塑膠袋！
它怎麼會來到深海底部呢？
很簡單，人類相當於每分鐘製造約一台垃圾車大小的塑膠製品，這些塑膠製品最後都被丟入了海裡。
為了解決這個問題，包括法國在內的好幾個國家都決定禁止使用一次性塑膠袋（也就是只使用一次的塑膠袋）。

橈足類

蝰魚

動動腦，猜猜看！
一個塑膠袋需要100～400年才能在大自然中分解，但是，你知道製造它需要花費多少時間嗎？
1. 1分鐘　2. 1秒鐘　3. 1小時

（答案請見第37頁）

吉里巴斯共和國

橫跨南北半球的吉里巴斯共和國位於太平洋正中央，
是世界上面積最小的國家之一。
有如灑落在海洋上的彩紙，這33座島嶼，
幾乎全部由珊瑚礁組成。

軍艦鳥

紅樹林

潟湖

幼魚

吉里巴斯群島
汪洋中的綠洲

吉里巴斯共有33座島嶼，分成三個
群島，其中32座是環礁構成，
也就是環狀的島嶼，只稍微比海平面
還要高一點點。這是由珊瑚礁、沙土，
以及一些動物殘骸堆積而成，
包圍著一個寬闊、平靜又不深的
海水，我們稱作潟湖。
每一個島嶼，它的潟湖以及棲息的
物種（包括人類）都被又長又寬的
珊瑚礁保護著，形成可以
阻擋浪潮的天然屏障。

水母

海參

碎礫貝

鷺

想一想，這句話正確嗎？

四分之一的海生動物，一生中至少
會有一段時間是在珊瑚礁度過。

答：這句話是對的！珊瑚礁孕育各種海生動物以及人類生存所
需要養分，據估計大約有930萬的人都依賴珊瑚礁而生存。

很多人從來沒有聽說過吉里巴斯共和國，也沒有意識到氣候暖化對人類造成的危害。不過，就算是孩子，也可以教導他人一些事情，例如：你可以在學校做個關於吉里巴斯的專題報告分享你所知道的事情，或者建議周遭的人閱讀一篇你喜歡的雜誌所報導的相關文章。

動動腦，找找看！

有陷阱！吉里巴斯人建造了心型的傳統捕魚陷阱，稱作「馬阿魚圈」。魚類在漲潮時很容易就進到陷阱裡，但是退潮後就沒辦法離開這個陷阱了！你可以在這一頁裡找到這個陷阱嗎？

（答案請見第37頁）

海平面上升，即將消失的吉里巴斯群島

對吉里巴斯人而言（我們稱作吉里巴斯居民），海洋是世世代代賴以維生的食物來源。然而，如今這裡正面臨危險。由於氣候暖化造成融冰，使得海平面上升，這些環礁島嶼都受到了威脅。珊瑚礁並不足以阻擋海水入侵，吉里巴斯人必須建築堤坊來保護他們的土地，以對抗越來越高的潮水。這些平均高度只有高於海平面2公尺的島嶼，在未來50年內，將有被完全淹沒的危險，這迫使吉里巴斯人只能搬離自己的國家。

加州巨大海藻林

美國加州綿延的海岸線，
生長了令人驚嘆的海洋森林。
高度可達30公尺（一棟小房子的大小！），
它們是由不同種類的巨型海藻所構成，
我們稱作「大型褐藻」（或是巨藻、巨海帶）

大型褐藻
（巨藻、巨海帶）

蝠鱝魟

半帶皺唇鯊

海豹

層層相連的生態系

海底森林裡所有的生態系，都是圍繞著
大型褐藻來運作。在這些巨型海藻中，
我們可以發現如同林下灌木叢、小樹林，
甚至是漂浮在海平面下，陽光普照的林冠。
藻林的每個階層都棲息著特有的生物：
海面上的海獺纏繞著巨藻，讓自己不要
隨海流漂走。而海洋深處的紅鮑、海螺
可以長到30公分長！

澤生鱘

鯊魚卵鞘

紅鮑

海螺

想一想，這句話正確嗎？

由於大型褐藻有著堅硬的軀幹，因此
可以生長直到海平面，就像樹木。

答：這句話是錯誤的！因為大型褐藻沒有堅硬的軀幹。
但相信這個浮力，以接觸陽光普照的海平面，
並讓巨藻得以接觸陽光普照的每個角落，
讓它們看起來就像是小房子！

高歡鯛

海葵

美麗突額隆頭魚

你也可以協助大型褐藻對抗外來物種入侵。在你家或學校種一棵樹吧！樹木可以吸收空氣中的二氧化碳，然後轉換吐出氧氣。空氣中的二氧化碳減少，海洋的酸度就會降低，海底森林也就能更加屹立不搖！

紫海膽，強勢的入侵者

海洋吸收了將近三分之一，
由人類活動所產生、排放到空氣中的二氧化碳氣體。
這使得海洋酸度越來越高，促進海底藻類增生，
並阻礙大型褐藻生長，甚至能夠完全取代它。
如此脆弱的海底藻林還必須面對另一個入侵者——紫海膽。
這種小動物被海獺獵食以前，是以大型褐藻為主食。
為了毛皮，人類長時間獵殺海獺，使得海獺幾乎絕跡。
沒有海獺，紫海膽大量繁殖，吃光所經地區的大型褐藻！
幸好，如今海獺受到保護。牠們會用石頭敲破海膽殼來食用，
控制了海膽的入侵，也讓生態系再度獲得平衡。

動動腦，找找看！

來玩捉迷藏吧！
紅章魚最喜歡躲藏在大型褐藻所在的岩石縫裡。你能在這兩頁找到這位偽裝高手嗎？ （答案請見第37頁）

顯微鏡下的海洋

海洋都需要一些主要的微小生物有機體，
我們稱牠們為「浮游生物」。
牠們是地球上氧氣的主要來源之一，
也是所有海洋食物鏈的最底層。

橈足類

磷蝦

浮游植物
海洋食物鏈的第一環節

海洋食物鏈的最底端是「浮游植物」，
是可以行光合作用、自行製造所需食物的
微型藻類。在光合作用的過程中，可以產生
我們所需要的一半氧氣！
以浮游植物為食的浮游動物，則是一些小型魚類
（例如沙丁魚或鯡魚）的食物來源。而這些小魚
則被更大的掠食者獵食，例如海豚或鯊魚。浮游生物
直接或間接的支撐著海洋裡所有物種的生存，
包括從最小的蝦子到體型最龐大的藍鯨！

水母

浮游動物

浮游植物

想一想，這句話正確嗎？

人類製造如此多的垃圾，
使太平洋上形成了一塊塑膠陸地。

答：這些垃圾確實在太平洋上形成了一個巨大的漩渦，
但這並不是一個可以站立或是行走的陸地，而是由上百萬個
漂浮的塑膠碎片所組成。這片「垃圾漩渦」中海上漂浮著數十噸的塑膠垃圾的海域。

噁！塑膠濃湯！

嘔！

我們可以怎麼做？

你已經知道資源回收的重要性，回收
能避免塑膠垃圾最終被丟棄、流入海裡。
不過，還可以改變一些其他習慣：喝飲
料時不要使用塑膠吸管；出門時把自己的
水壺裝滿，不要購買瓶裝礦泉水；
或者吃冰淇淋時選擇餅皮甜筒，不要選用
小碗裝，也不用塑膠湯匙！

塑膠微粒

塑膠，永遠不會消失
的外來入侵者

塑膠掉進海裡是不會腐爛的，
但是會分解成越來越小塊，直到變成我們所謂的
「塑膠微粒」懸浮在海洋裡，塑膠微粒跟浮游生物
非常相似。小型海中生物通常以浮游生物為主食，
牠們無法分辨這兩者的差異，所以塑膠微粒
最終就進到牠們的消化系統裡，然後又到了
掠食者的身體裡……再到我們的餐盤上。
還沒有被潮水或陽光打碎的塑膠碎片仍然
具有危險性，它們會讓海龜、鳥類或甚至是
海豹被困住或者被噎住。這些動物一旦誤食了
這些塑膠物，就會有餓死的危險，
因為胃裡裝滿了無法被消化的塑膠物品。

動動腦，猜猜看！

為什麼海龜要吃塑膠袋？
1. 海龜什麼都吃！
2. 海龜為了要從纏繞自己的塑膠袋中脫身。
3. 海龜誤以為塑膠袋是水母。

（答案請見第37頁）

該怎麼做，才能保護海洋呢？

除了這本書裡已經知道的建議和想法之外，還有很多我們可以參與的海洋保護行動。
有些解決方式需要大家一起努力，還有沒有我們可以更進一步，達到保護海洋的行動呢？

節約，你我都能做得到！

節約能源

要節約能源，就要減少溫室效應氣體排放。
你已經知道我們要隨手關燈，或在冬天時調低暖氣溫度，但是還有
其他節約能源的方式。例如，我們可以：

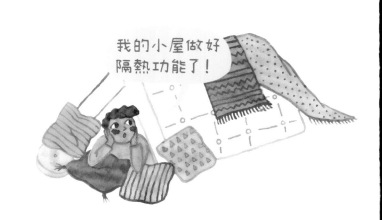

我的小屋做好
隔熱功能了！

- 選擇使用綠色能源（尤其是指像陽光、水和風這些可再生能源），
  或甚至是在屋頂上安裝太陽能板！
- 做好建築物的隔熱功能，才能減少使用暖氣或冷氣。
- 購買節能家電用品（例如冰箱或洗碗機），也就是使用時會消耗較
  少的電力。

節約用水

水是整個地球非常重要的自然資源，許多物種都賴以維生：
包括我們人類！要節約用水，我們可以：

   盡量以淋浴為主而不要泡澡。
- 洗手或刷牙時，不要一直開著水龍頭。
- 等到洗碗機或洗衣機都裝滿的時候，再開始清洗。

友善消費，降低能源消耗、減少垃圾量

購物時，我們可以選擇購買對海洋友善的產品，像是廠商的營運文化以及運輸都使用較
少的能源，並且製造較少的垃圾。
要做到這項，我們可以：

- 減少購買肉類及魚類，或成為素食者。
- 食用當季蔬果，最好是當地生產的蔬果產品。
  選擇完全沒有或包裝較少的產品。

🐚 動動腦，讓你的意見發揮影響力！

你和親友的意見能發揮的影響力遠超過你所能想像的！
向那些有能力改變事情的人表達我們想要保護海洋的意願（例如：政府單位），
我們也可以為守護地球促成重要決策。為了讓這些意見受到重視，我們可以：

● 寄一封信或電子郵件給政府民意代表。
● 參加為氣候變遷而舉辦的活動，或者為拯救海洋而舉辦的遊行。
● 適時的向周遭人表達意見（尊重而有禮），並和親友討論這件事。

我們來騎電動滑板車！

🐢 改變你的日常交通習慣

你已經知道可以透過搭乘公共交通工具、步行或騎腳踏車來減
少溫室氣體的排放量。不過，我們還可以：

● 無車生活（如果是住在城市裡），或者選擇節能汽車。
● 避免搭乘飛機。
● 使用共乘方式去上班、上學或是度假。

⭐ 用行動支持海洋保護組織

許多人每天都在為保護海洋而奮戰，不論是世界性或
當地組織。為了支持他們，我們可以：

● 捐款給相關組織或相關協會。
● 成為義工或參加由當地市鎮或地區裡各團體所舉辦的
  活動（收集垃圾、淨灘……）。
● 簽署為了保護海洋而提出的請願書。

> **想知道更多關於海洋保護訊息嗎？**
> **可以拜訪下列單位的網站，一起保護我們最美的海洋！**
>
> - 地球公民基金會
> - 看守台灣協會
> - 海洋委員會海洋保育署——海洋保育網
> - 荒野保護協會
> - 國立海洋生物博物館
> - 國立海洋科技博物館
> - 黑潮海洋文教基金會
> - 綠色和平組織
> - 世界自然基金會——保護海洋(WWF)
> - 珊瑚礁守衛者(Coral Guardian)
> - 海洋星球(planète mer)
> - 海洋綠洲(Ocean Oasis)
> - 國際自然保護聯盟(IUCN)
> - 國際海事組織(IMO)
> - 綻放海洋保護協會(Bloom Association)
> - 檸檬海——對抗海洋酸化組織(Lemonsea)

哇！我好喜歡！

🐴 減少、修復、回收、再利用，降低製造垃圾的機會

你已經知道「垃圾減量」對海洋有多麼重要。為此，當然要做資源回收，
但是我們還可以：

● 減少購買新的物品。
● 修理損壞的物品，而不是丟棄。
● 衣物、家具或物品再利用，並購買二手物品。

一起認識海洋保護重要詞彙！

海洋酸化

海洋吸收了由人類活動產生、排放到大氣中將近三分之一的二氧化碳。

二氧化碳是一種酸性氣體，如果海洋中的含量太高，就會改變海水化學成分，造成酸化。

自從工業革命以來，海洋酸化已上升了將近 30%。這造成了幾個問題：小型海生動物的甲殼可能會在水中溶解，而珊瑚也越來越難生成骨骼。

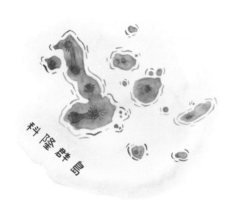

群島

群島是由距離相近的島嶼集結而成。可以包括上千座島嶼，或僅僅有 10 多座島嶼。

大浮冰

「大浮冰」是指浮在海面上的冰層，是海水在 -1 至 -8 度之間開始結冰所形成的。大浮冰有兩種形態，長年存在的永久性浮冰，還有在春天時融化、冬天時形成的季節性浮冰。

依照地點不同，永久性浮冰可以厚達 5 公尺！它只存在於北極圈，而季節性浮冰在南北兩極都有。

生物多樣性

生物多樣性是指地球上物種的多樣性，生物多樣性越豐富，生命也就越豐富，生態系就會發展得更好、更繁盛。這讓生命所需要的主要資源得以維持，就如空氣、水或者食物。所有物種（包括人類），都是互相依賴互相共生而存活，能在各自的生態系裡生存。

當有一種動物或植物消失時，其他物種也會因此受到影響。

生物多樣性與豐富性降低，生態系也會變弱（甚至被破壞），然後只有生命力最強韌的物種才能存活下來。

食物鏈

食物鏈是許多生命體的串聯，當中的每一個物種都會被上一層物種吃掉。

例如：青草會被兔子吃掉，接著兔子會被狼吃掉。在海洋中，食物鏈的第一層常常是浮游植物（或植物性浮游生物）。食物鏈的最上層是超級掠食者，牠們不是其他動物的獵物，像是北極熊、虎鯨或是人類。

二氧化碳

二氧化碳或二氧化物氣體，是自然存在於地球上的一種氣體。二氧化碳也是生命的主要元素，因為可以行光合作用。

不過，人類活動卻製造過多的二氧化碳！過度排放要對氣候暖化負起很大的責任。

生態系

由一個生命體群落所組成的體系稱做「生態系」，也就是：牠們所生存的環境中，所有互動會形成這個系統（例如：掠食者與其獵物之間的關係）。每一個生態系都依存著脆弱卻能讓生命得以發展與維持的平衡關係。

如果平衡受到威脅（例如因為其中一個物種消失），整個生態系就會崩潰。

生態

一開始，生態是研究環境以及所有生命體之間互動的一門科學。不過，這也是透過環境保護以及保存地球上的自然資源、和大自然和諧共處的一種方式。

礦產能源

礦產能源，例如煤炭、石油或天然氣，是來自植物及動物屍體經過數百萬年腐化而形成的礦物。

要找到這些礦產，常常要鑽地，有時候甚至要鑽海。如今，世界上所使用的能源有 80% 來自這些礦產！然而，這些都是非再生能源，也就是說地球上的礦藏量是有限的。

要取得電力、汽油或暖氣，我們得要燃燒這些礦產，因此產生了造成氣候暖化的二氧化碳，它也是讓海洋陷入險境的罪魁禍首。

再生能源

再生能源，例如陽光、水或風，都是取之不盡的。大自然會不斷再生這些能源，然而，相反的，礦產能源的礦藏量則是有限的！

除此之外，這些再生能源不會造成溫室效應，也不會導致地球暖化的危險。

環境

環境是由大自然元素圍繞生物體所組成。環境提供我們生存所需的主要自然資源，例如水、空氣和食物。環境的破壞不只對人類造成負面影響，而是整個地球。

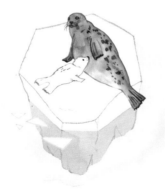

演化

生物演化論是由一位名叫查爾斯・達爾文的英國自然學家兼生物學家在 1859 年所提出。這個理論的概念是大自然會幫助生命個體的存活，讓牠們更適應生存環境，這也已經被現代科學證實。這些生命個體會將牠們的基因傳承給下一代，也就是我們所說的「物競天擇」。慢慢的，每一個新的世代，一個新的物種就會進化：改變顏色、改變食物種類或改變體型！

海溝

海溝是一個非常深、又寬又長的一個區域，位於大陸板塊邊緣，或者海中央的群島邊際處。馬里亞納海溝便是這樣，位於靠近馬里亞納群島的地方。

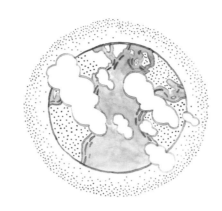

溫室效應氣體

造成溫室效應的氣體（例如二氧化碳）原本就存在於大氣中。它可以吸收陽光的熱度，使得地球可以居住、維持了生命所需的適宜氣溫。

但是自從工業革命以來，人類開始製造大量會擴大溫室效應的氣體。燃燒礦產能源、砍伐森林、精細農耕……這些都會強化溫室效應。於是，我們的大氣層再也無法阻隔熱氣，地球溫度便會上升。這就是我們所談到的氣候暖化。

哺乳類

哺乳類動物是指脊椎動物（也就是有脊椎骨），且雌性能以自身分泌的乳汁來哺乳、養育下一代。

潮汐

潮汐是月亮及太陽對地球萬有引力所造成的海水漲退現象。

萬有引力對海洋的影響有如一塊大磁鐵，會造成海平面以固定周期上升或下降。

油汙汙染

當有大量石油外洩到海洋，我們會提到「油汙汙染」。這會發生在油輪（載運石油的船隻）失事後，或者是石油平台（建在海平面上，用於開採石油）損壞之後。

油汙汙染真的是一個大災難，隨著洋流移動的石油會綿延數公里遠，並且危及整個生態系。

永續漁業或責任漁業

我們所說的永續漁業或責任漁業，是指捕魚過程會考量到尊重環境的永續性，並且不會威脅到海洋生物多樣性或是生態系。

海洋自然資源以合理的方式被利用，並保留足夠時間讓物種可以繁殖，讓未來的世代都可以享有這些資源。

而過度捕撈就不是這樣了，這會造成魚群大量死亡，並且會摧毀海洋生態。

工業革命

工業革命是指歷史上 18 ～ 20 世紀這一段時間。

這段期間裡，許多國家以發展工業（由工廠機器來製造產品）來實行現代化。透過多項創新發明（例如蒸汽機或電器），這些國家的視野也完全改變了。也是在這個時期，人類發現開採煤礦或石油的方式，這些都必須對今日氣候暖化負起很大的責任。

垃圾帶

地球上存在好幾個垃圾帶，最為人所知的是位於太平洋北方的這一個。

這些垃圾帶是由海表層洋流循環流動產生巨大漩渦所形成的現象，而垃圾就是這樣被帶著一起漂流。最後會抵達渦流的中心點，一點一點的聚集累積。

在這個階段，它們都已經被陽光分解和海浪打碎，而渦流中心則會轉變為像是一種塑膠微粒濃湯的狀態。

光合作用

植物含有一種可以吸收陽光的色素——葉綠素。有了陽光，植物便可以將空氣中的二氧化碳轉化為醣類並生長。

這個過程也會產生氧氣，植物會將它排放到空氣中。

水壓

海洋下，水的重量壓迫著潛水人員的身體器官，或者潛水艇的船殼。這個力量我們稱之為「水壓」。

到越深的地方，承受水的重量就會增加，而壓力就會上升。例如在馬里亞納海溝深處，水中的壓力比海平面高出 1,000 倍。

超級掠食者

超級掠食者是指自然界中沒有任何天敵的動物，也就是說在成年時，牠不是其他動物的獵物。通常，牠擁有龐大的體型、強而有力的下頜，或是銳利的尖牙。陸地上，獅子和熊是超級掠食者，而在海洋中，則是大白鯊或是虎鯨。

共生

共生的定義是由不同、可以互利共生的兩個物種生命體組合而成。

這可以是對抗掠食者的保護機制，抑或是食物來源。最大的生命體稱做宿主，而最小的則稱做共生體。珊瑚就是珊瑚蟲與微藻共生體的一個很好的例子。

全球暖化

觀察到整個世界的大氣以及海洋平均溫度上升並且持續多年，我們就會提到「全球暖化」。氣候變遷是一個自然現象，而且一直存在。有些時期，地球溫度會持續下降或上升，但是現今的氣候暖化，大多來自於近代人類活動而使得溫室效應氣體大量又快速的排放所造成。

我學到了好多！我也可以拯救海洋了！

檢查看看，你都答對了嗎？

大堡礁（P. 12～13）

在這兩頁裡，哪種動物最危險？

A：藍環章魚。雖然牠的體型嬌小（小於10～15公分），但是含有劇毒的毒液卻相當出名。

北極（P. 14～15）

虎鯨屬於哪一個動物家族呢？

A：齒鯨家族！虎鯨雖然有著龐大身軀，卻不屬於鬚鯨家族。事實上，虎鯨有牙齒，而鬚鯨類是有鯨鬚的。

歐洲最大海草床（P. 16～17）

蘿拉想要找到一隻海龍！牠和海馬屬於同一個家族，法國人也稱牠為「海裡的針」。

A：就在這裡！牠隱身棲息在大葉藻水生植物群中。

蘇達班紅樹林（P. 18～19）

紅樹林如何透過根部排出鹽分呢？

A：1、2或3都是對的，依照紅樹種類而異！

科隆群島（P. 20～21）

海參在哪裡呢？

A：以下就是這一頁裡的10條海參，你都找到了嗎？

大洋（P. 22～23）

在這兩頁，你可以找到幾種鯊魚呢？

A：在這兩頁，你可以見到以下四個鯊魚品種。

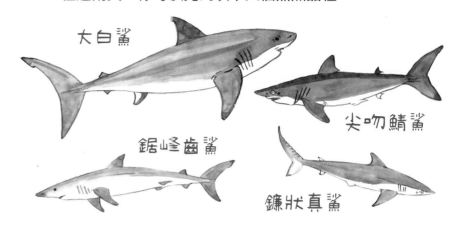

大白鯊

尖吻鯖鯊

鋸峰齒鯊

鐮狀真鯊

馬里亞納海溝（P. 24～25）

一個塑膠袋需要100～400年才能在大自然中分解，但是，你知道製造它需要花費多少時間嗎？

A：只需要1秒鐘！
一個塑膠袋分解所需要的時間，可以製造出幾十億個塑膠袋呢！

吉里巴斯共和國（P 26～27）

你找到吉里巴斯人建造的陷阱了嗎？

A：吉里巴斯人建造了心型的傳統捕魚陷阱，稱做馬阿魚匱。魚類在漲潮時很容易就進到陷阱裡，但是退潮後就沒辦法離開了！右邊這裡就有一個！

加州巨大海藻林（P. 28～29）

來玩捉迷藏吧！你找到這兩頁裡的紅章魚了嗎？

A：紅章魚最喜歡躲藏在巨藻所在的岩石縫裡。右邊就是這位偽裝高手！

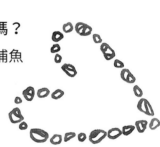

顯微鏡下的海洋（P. 30～31）

為什麼海龜要吃塑膠袋？

A：因為浮在海裡的塑膠袋跟水母非常相似，海龜誤以為塑膠袋是水母了！

愛曼汀・湯瑪士

(Amandine Thomas)

— 著 —

1988年出生的愛曼汀畢業於法國國立高等裝飾藝術學院（Ecole d'Arts Décoratifs）。她在23歲的時候移居澳洲，且於澳洲知名雜誌《Dumbo Feather》擔任藝術總監。這段期間裡，她深刻的體會與感受當地團體對於環境保護的吶喊。在墨爾本待了六年之後，愛曼汀搬回了法國，目前她居住在波爾多地區。2014年，她的第一本作品《Bell Ville et Le Chat》在法國瑟堡圖書節（festival du livre de Cherbourg）獲獎，作品充分展現出創作天賦與活力。

陳勇輝

— 中文版審定 —

畢業於國立中山大學海洋資源學系，民國90年任職於國立海洋生物博物館科學教育組，期間曾任科教組主任。民國96年起迄今協助教育部制定全國國中小學海洋教育推廣。長年從事海洋科普寫作，作品常見於國立海洋生物博物館訊「我們的館」專欄，並於國語日報科學版中之「魚類專欄」、「珊瑚花園」與「這一年很潮-夜探潮間帶」等專欄擔任主筆多年，著有《解一ㄥ篇》一書等科普書籍與海洋推廣教材教具等作品。

李旻諭

— 譯 —

淡江大學法文系畢，繪本愛好者，致力於分享及推廣法文繪本。譯作有《小傷疤》、《蘇西小姐的下雪日》、《臭臭部落》、《女生和男生也可以做的事！》、《山姆和瓦森：我是情緒的主人／生命的四季》、《最美的海洋...｛需要我們一起來保護｝》等。現居住在法國，繼續尋找美好的繪本旅程。